KNUT
Ein Frühlingsmärchen

ZEITGEIST MEDIA

Wie ein alter Hase

Knut ist ein echter Medien-Profi
und weiß: „Mit einem Augenzwinkern
wickel ich alle um den Finger!"

Kopf an Kopf

Wer hat den härteren Dickschädel, Ersatz-Papa Thomas oder Knut? Nach drei Monaten gewinnt – noch – der Pfleger.

Vom Sorgenkind zum Superstar – Eisbärjunge Knut grüßt seine Fans.

Inhalt

IMPRESSUM

ZEITGEIST MEDIA *AKTUELL*
I/2007 (aktualisierte Ausgabe)

ZEITGEIST MEDIA aktuell ist ein Periodikum, das viermal jährlich zu besonderen Ereignissen erscheint.

ZEITGEIST MEDIA GmbH
Verlag und Neue Medien
Düsseldorfer Str. 60
40545 Düsseldorf
Tel. 0211-556255
Fax 0211-575167
E-Mail: info@zeitgeistmedia.de
www.zeitgeistmedia.de

VERTRIEB
GeoCenter/VVA

HERAUSGEBER U. CHEFREDAKTEUR
Hubert Bücken
(Verantw. i. S. d. PG.)

REDAKTION
Katharina Fleischer
Andreas Lehmann
Thomas Allstedt
Anette Frischmuth

PRODUKTION
Marcus Eckhardt
ECKXAKT Mediengestaltung

BILDNACHWEIS
Seite 96

DRUCK
MohnMedia Gütersloh

Printed in Germany

ISBN 3-926224-47-9
9783926224477

ISSN 1864-6735

Redaktionsschluss Mai 2007

Steckbrief von Knut

Name:	Knut
Art:	Eisbär oder Polarbär (Ursus maritimus)
Ordnung:	Raubtier
Geboren:	5. Dezember 2006
Sternzeichen:	Schütze
Geburtsort:	Berlin
Mutter:	Tosca, 1986 in Kanada geboren
Vater:	Lars, 1993 im Münchener Zoo geboren
Zuhause:	Zoo Berlin
Ziehvater:	Bärenreviertierpfleger Thomas Dörflein
Pate:	Umweltminister Sigmar Gabriel
Erster Pressetermin:	23. März 2007

Täglich in der Freianlage seit 24. März 2007

Ein echter Pfundskerl

05. Dezember 2006:	810 Gramm
31. Dezember 2006:	2.000 Gramm
25. Januar 2007:	4.000 Gramm
20. März 2007:	8.500 Gramm
08. April 2007:	13.800 Gramm
30. Mai 2007:	27.000 Gramm
Ausgewachsen:	ca. 500.000 Gramm

Klein aber oho

Ende März 2007 hat Knut seine ersten öffentlichen Auftritte. Seither ist der kleine Eisbärjunge der Star im Berliner Zoo.

KNUT
Ein Frühlingsmärchen

Er ist der dritte Eisbär, der im Berliner Zoo heranwächst, nach einer Babypause von 33 Jahren. Aber ohne Zweifel ist er die Nummer eins von ihnen. Noch nie zuvor hat ein kleines Fellknäuel mit schwarzer Stupsnase und großen Kulleraugen die Menschen in aller Welt so verzaubert, wie „Knutschkugel Knut".

Das Schicksal des Bärchens bewegt Millionen: Von der Mutter verstoßen, nimmt sich Tierpfleger Thomas Dörflein des Kleinen an, gibt ihm den Namen Knut und spielt seitdem die „Ersatzmama". Täglich kann man die Entwicklung von Knut in den Medien verfolgen und sich über jedes zugenommene Gramm Körpergewicht freuen. Der kleine Racker wächst und gedeiht. Zum Glück. Denn eine gelungene Handaufzucht ist äußerst selten. In der gesamten Zoogeschichte ist das auf der ganzen Welt erst 34-mal gelungen.

Monatelang ist Deutschland im Knut-Fieber: „Wir sind Knut" und „Knut tut gut" ist in vielen Zeitungen, auf Plakaten und T-Shirts zu lesen. Und richtig, mit Knut ist Deutschland gut drauf. Wer den kleinen Knut sieht, muss einfach verzückt schmunzeln. Vor dem Gehege des süßen Superstars schauen sich Verliebte noch verliebter in die Augen, wird Kindern und Alten bereitwillig Platz gemacht. Fotografen stellen ihre mitgebrachten Leitern Kleineren für eine bessere Sicht zur Verfügung. Und für ein kleines krebskrankes Mädchen ist mit einem Besuch bei Knut ein Traum in Erfüllung gegangen.

Ein echtes Frühlingsmärchen eben. Nur schade, mag mancher denken, dass auch Knut einmal erwachsen wird.

Knuts erste Wochen

Am 5. Dezember 2006, etwa gegen 15 Uhr, bringt die Eisbärin Tosca zwei kleine Eisbärbabys zur Welt. Tosca kümmert sich zunächst gut um ihren Nachwuchs und versucht mehrere Stunden lang, die Kleinen zu säugen. Als ihr das aber nicht gelingt, wendet sie sich ab und lässt die beiden liegen.

Um die noch blinden und tauben Bärchen zu retten, werden die beiden in Brutkästen gebracht. Alle halbe Stunde wird nun versucht, den Kleinen mit einer Pipette Milch einzuflößen. Noch in der gleichen Nacht zieht Tierpfleger Thomas Dörflein in die Eisbären-WG, um die Bärchen rund um die Uhr betreuen zu können. Trotz der Fürsorge schafft es Knuts Bruder leider nicht und stirbt am vierten Tag.

Alle zwei Stunden wird Knut nun gefüttert. Bereits nach 14 Tagen hat sich sein Geburtsgewicht von 810 Gramm verdoppelt. Dennoch bangen die Tierpfleger um den kleinen Kerl, der mit hohem Fieber und anderen gesundheitlichen Problemen kämpfen muss. Kein Wunder, wenn man bedenkt, dass im natürlichen Lebensraum der Eisbären, der Arktis, Temperaturen von bis zu minus 50 Grad herrschen. Krankmachende Viren und Bakterien haben da fast keine Chance. Zudem enthält die Milch der Eisbärmutter natürliche Medikamente und Stärkungsmittel – darauf muss Knut verzichten. Um das empfindliche Eisbärbaby zu schützen, herrscht deshalb auch eine strikte Kontakt- und Informationssperre. Noch soll keiner von dem kleinen Eisbären wissen – im Zoo hat man Angst, dass man doch noch eine Trauernachricht verbreiten muss.

Bisher noch ganz blind, öffnet Knut am 16. Tag sein linkes Auge. Nur wenige Tage später ist auch das rechte offen, und Knut sieht zum ersten Mal seinen Pfleger und seine Umwelt. Noch lebt er im Brutkasten, der die natürliche Schneehöhle und die Mutterwärme ersetzt. Um Knut auf die kältere Außenwelt vorzubereiten, wird die

Nach etwa drei Wochen öffnet Knut zum ersten Mal seine Augen. Seitdem erkundet er täglich seine Umwelt.

Temperatur des Brüters nach und nach gesenkt.

Am 44. Tag bringt Knut 3.320 Gramm auf die Waage und kann in eine eigens für ihn angefertigte Holzkiste umziehen. Seinen ersten Spielgefährten, einen großen Stoffhund, hat er zu Weihnachten geschenkt bekommen. Mit dem Umzug in die Schlafbox erfährt auch die Presse das erste Mal vom kleinen Knut. Als der Zoo Fotos verteilt, schwappt eine riesige Begeisterungswelle weit über Deutschlands Grenzen hinaus. Kein Wunder: Knut ist das einzige Eisbärbaby, das zu dieser Zeit in Europa lebt – und seit vielen Jahren das erste, das von Menschen aufgezogen wird.

Während die Medien nun täglich über den kleinen Eisbären berichten, wächst und gedeiht Knut prächtig. An seinem 50. Lebenstag bekommt er zum ersten Mal

Fleisch. Dafür wird dem bisherigen Brei aus Milch, Vitaminen und Lebertran püriertes Katzenfutter untergemischt. Die ersten Zähne sind gewachsen und auch das Aufrichten auf die Hinterbeine übt der kleine Racker immer öfter.

An seinem 70. Lebenstag startet der kleine Eisbär seine ersten Gehversuche auf allen Vieren. Und schon ab Ende Februar kann Knut unbeobachtet auf seinem Außenspielplatz, einem abgelegenen, ruhigen Gehege, toben und sich genüsslich im Sand wälzen.

Am 23. März 2007 stellt der Zoo Knut, der nun knapp neun Kilogramm wiegt, der Presse vor. 500 Journalisten und 100 Kamera-Teams aus aller Welt sind dafür angereist. Ein leibhaftiger Minister ist auch dabei: Bundesumweltminister Sigmar Gabriel übernimmt die Patenschaft.

Das Aufrichten auf die Hinterbeine klappt schon ganz gut – und eröffnet Knut ganz neue Perspektiven.

Steil bergauf

Von da an ging's bergauf: Drei Monate nach seiner Geburt klettert das knuddelige Kraftpaket in die Herzen der Menschen – und die Aktien des Berliner Zoos auf Rekordhöhe.

Launebär

Vom Herumtoben mit seinem Pfleger Thomas bekommt der kleine Knut einfach nicht genug. Er quiekt vor Freude – Thomas aus anderem Grund: Die Zähnchen sind ziemlich scharf.

Wahre Liebe

Die ganze Welt blickt auf den kleinen Racker Knut. Doch der hat nur Augen für seinen Ersatzpapa – er folgt ihm treu auf Schritt und Tritt.

Wundertüte

Irgendwo hier muss
er sie doch
versteckt haben...
Pedigree

Aha, da...

Der denkt wohl, die kann er alleine essen.

Hupps, die gelbe Tüte war nicht so lecker.

Innerhalb weniger Tage wird Thomas Dörflein zum bekanntesten Tierpfleger der Welt und Knut weltumspannender Herzensbrecher. Beide bekommen Heiratsanträge.

Deutschlands Superstar

Ob in Australien, Südafrika, Japan oder den USA – und erst recht natürlich in allen europäischen Ländern: Der tapsige Eisbär Knut ziert Titelseiten und flimmert über die Bildschirme der Welt. Jeden Tag hört man von Terror, Krieg und Gewalt. Da ist Knut endlich mal eine gute Nachricht. So erklären Fachleute das Knut-Phänomen.

Welchen Schritt auch immer der kleine Eisbär unternimmt, die Welt schaut zu. Ganz gleich, ob es sich dabei um den großen amerikanischen TV-Sender CNN, das norwegische *Dagbladet*, die italienische *La Repubblica* oder die Wiener *Kronen Zeitung* handelt.

Als im Februar 2007 Gerüchte aufkommen, nach denen ein selbsternannter Tierschützer „wegen nicht artgerechter Aufzucht" den Tod des kleinen Eisbären befürwortet, ist die Weltpresse entsetzt. Die spanische Zeitung *El Mundo* fordert „Salvar al osito Knut" (Rettet Bärchen Knut), die argentinische Zeitung *El Dia* warnt „Un oso en peligro" (Ein Bär in Gefahr) und in Australien lässt *The Sydney Morning Herald* verlauten „Kill him? You must be Knuts!" (Ihn töten? Ihr müsst verrückt sein!).

Aber nur wenige Wochen später verzückt der putzmuntere Knut bei seinem ersten Auftritt die Journalisten: „Knut Wows The Crowd" (Knut begeistert die Massen) titelt *The New York Times* am 24. März 2007 und meint „a star is born". Auch die britische *Daily Mail* berichtet von „Cute Knut" (dem süßen Knut) und selbst in Taiwan ist man vom Eisbärbaby begeistert: „Polar bear cub Knut steals hearts in Berlin" (Eisbärbaby Knut stiehlt Herzen in Berlin), so die *Taipei Times*.

Knut ist eben eine weltbewegende Angelegenheit – das darf man bei ihm wortwörtlich nehmen.

Zähne zeigen

Früh übt sich, wer ein echter Räuber sein will. Und Knut knabbert an allem, was ihm vor die Nase kommt. Auch an Fotografen.

48x

Noch wasserscheu

Eisbären sind Top-Schwimmer. Knut testet bei seinen ersten Ausflügen das neue Element, traut sich tapfer mit den Tatzenspitzen rein.

Hiergeblieben!

Wenn Knut etwas gefunden hat, was zum Reinbeißen animiert, lässt er es sich nicht so leicht durch die Lappen gehen.

Ballkünstler

Mit Bällen spielt Knut besonders gerne. Aber es ist wie verhext – einmal reingebissen, und schon rollt der Ball nicht mehr so gut.

Bärenhunger

...vielleicht findet man ja hier was zu futtern? Auch nicht?

Thooomas, ich hab Huuuunger!

Leider kein Schmusetier für immer. Aber Pfleger Thomas weiß das: „Ich wäre über nichts glücklicher, als wenn Knut mal ein nettes Weibchen findet, mit dem er Kinder machen kann", sagt er in einem seiner seltenen Interviews

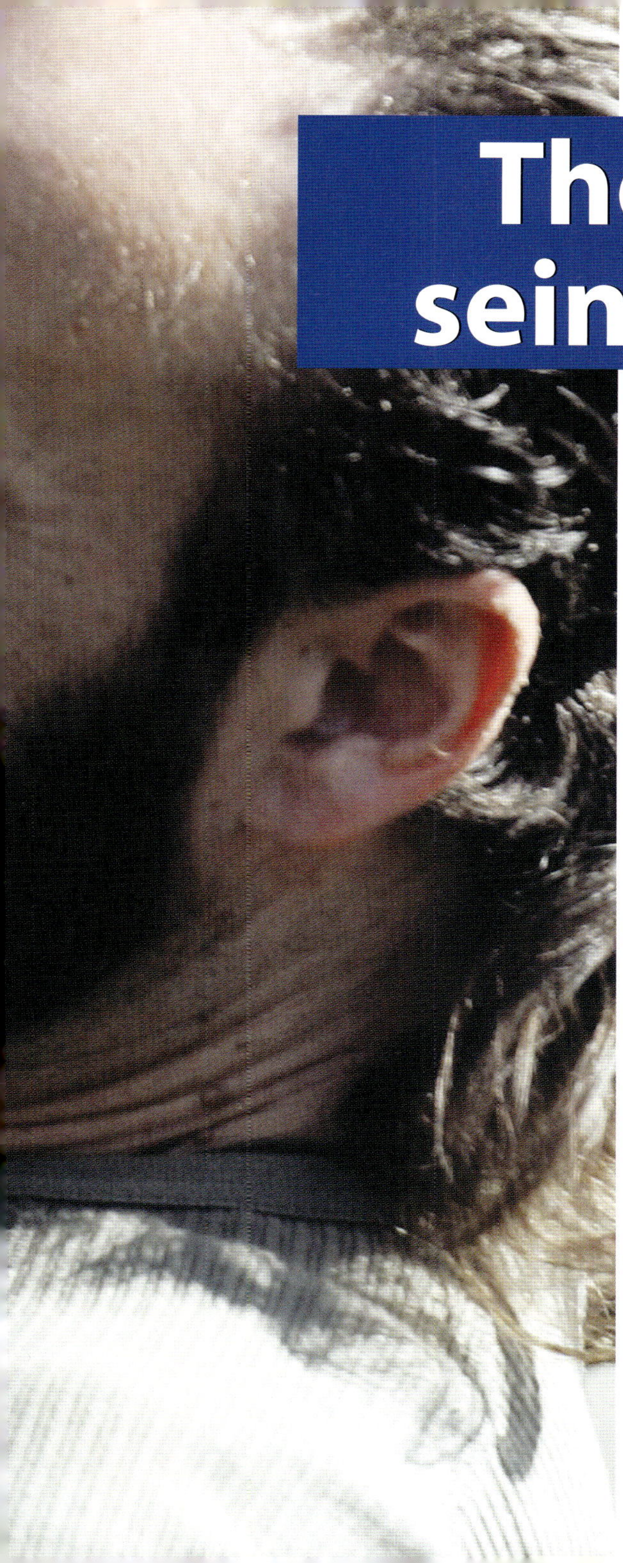

Thomas und sein Wüterich

Tiere sind für Thomas Dörflein schon immer das Allergrößte. Seit mehr als 24 Jahren arbeitet der 43-Jährige als Tierpfleger im Berliner Zoo. Dank Knut ist er jetzt der bekannteste Tierpfleger der Welt – dabei ist er eigentlich eher zurückhaltend und steht nicht gerne in der Öffentlichkeit.

Thomas Dörflein war der erste Mensch, zu dem Knut Kontakt hatte. Er hat die beiden Eisbärbabys aus dem Käfig gezogen, als Mutter Tosca sich abwandte. Er hat versucht, ihnen mit einer Pipette Welpenmilch einzuflößen. Und er war überglücklich, als einer der beiden anfing, zu schlucken.

Seither kümmert er sich rund um die Uhr um Knut. Anfangs muss er ihm alle zwei Stunden die Flasche mit der Welpennahrung geben. Er streichelt und knuddelt ihn, er gibt ihm unendlich viel Liebe und Zuneigung, er ist später sein Spar-

Haarig

Hat der Thomas nicht vorhin gesagt, ...
... dass ich ihm noch die Haare vom Kopf fresse?
Wo er Recht hat, hat er Recht.

Knut ist ein echtes Schleckermaul.

ringspartner beim Kräftemessen, er spielt ihm auf der Gitarre Elvis- und Beatleslieder vor. Mehrere Monate wohnt Thomas Dörflein im Bärengehege, in einem Raum mit Knut. „Nicht ganz einfach" für die Beziehung zu seiner Freundin, sagt er. Weihnachten 2006, als Knut noch ein blindes und taubes Knäuelchen war, hat er sie und seine Kinder in die kleine WG mit Knut eingeladen und einen kleinen Tannenbaum aufgestellt. Knut hat ein Plüschtier mit langen Ohren bekommen, das später sein Lieblingsspielzeug wurde.

Erst nach drei Monaten kann Knut pürierte Nahrung aus dem Napf zu sich nehmen. „Vor dem Füttern ist er ein kleiner Wüterich", sagt Thomas Dörflein einer Zeitung, „aber danach ist er zuckersüß."

Nach drei Monaten hat der Eisbärjunge ganz schön viele Muckis bekommen und geht wie ein Kamikazepilot gegen Wände, Kaffeemaschinen, Hosenbeine und Haare vor. Erziehen geht nur in Maßen, erzählt der Pfleger im Magazin „Vanity Fair": „Wenn er mich beißt, also oft, pack' ich ihn am Nacken und schüttel' ihn. Das zeigt ihm, dass er was falsch gemacht hat. Eisbärenmütter machen das auch so."

Doch je mehr Knut zum Lausebengel heranwächst und selbständiger wird, umso anhänglicher zeigt er sich. Er weicht Thomas kaum noch vom Fuß. Als der Pfleger vor Ostern mal ein paar freie Tage hat, wirkt Knut verstört. Er sucht ständig nach Thomas Dörflein und interessiert sich noch nicht mal für seine Fans vor dem Gehege. Thomas Dörflein bricht seinen Urlaub ab und wird von Knut mit lautem Freudenquieken und ein paar herzhaften Knuffen und Bissen begrüßt.

In einem öffentlichen Schwimmbad kann man Thomas Dörflein damals nicht treffen. Erstens müsste er sich dann ja von seinem Schützling trennen, zum anderen müsste er aller Welt zeigen, dass er am ganzen Körper grün und blau ist – lauter Liebesbeweise und Resultate der Spaßkämpfchen. Dennoch steht im Sommer ein gemeinsames Bad mit Knut an: „Ich muss ihn ins Wasser locken, damit er schwimmen lernt.“ Genauso wie es eine echte Bärenmama machen würde. Eisbärpapas interessiert das alles übrigens nicht – sie sind sture Einzelgänger, die sich kein bisschen um ihren Nachwuchs kümmern.

Thomas Dörflein genießt das Leben als Ersatzpapa. Seine beiden eigenen Kinder sind Anfang zwanzig. „Mit Babys bin ich durch“, sagt er lächelnd in einem Interview. „Aber bei Knut kommen die Gefühle von damals wieder hoch.“

Als Babybär darf man noch am Daumen lutschen.
Und der von Pfleger Thomas ist besonders lecker.

Knuts Mama Tosca

Ein Zirkusstar

Papa Lars

Ein Schwergewicht

Sie lief wie ein Mensch auf zwei Beinen, sie tanzte mit ihrer Dompteurin, sie küssten sich während der Vorstellung: Tosca war ein Star im Zirkus und der große Liebling von Ursula Böttcher, der berühmten Dompteurin. Mit zehn Eisbären trat die zierliche Frau in den großen Zirkuszelten der Welt auf.

Tosca ist in Kanada zur Welt gekommen, 1986. Leider entwickelte sich ihre Mutter zu einem „Müllbär". So nennt man Bären, die in menschlichen Siedlungen die Abfälle nach Fressbarem durchstöbern. Eisbären greifen Menschen zwar kaum an, sie sind aber unberechenbar. Deshalb wurde die Eisbärenmutter betäubt und mittels Hubschrauber in eine weit entfernte Gegend transportiert, wo sie sich wieder aufs Robbenfangen besinnen sollte. Ihr sechs Monate altes Baby wurde eingefangen. Der Staatszirkus der DDR kaufte das Jungtier und gab ihm den Namen Tosca. Ursula Böttcher brachte

Tosca die Dressur bei. Nur mit ihrer kräftigen Stimme und mit frischen Fischen zur Belohnung. Sie konnte sogar auf den Eisbären reiten, als wären es zahme Esel und keine Raubtiere mit gewaltigen Pranken und Zähnen.

Als der Zirkus aufgelöst wurde, wurden viele Tiere verkauft, auch die Eisbären. Tosca kam 1999 in den Berliner Zoo. Ursula Böttcher, die Dompteurin, ist vor Kummer krank geworden.

Tosca traf im Berliner Zoo den Eisbär-Mann Lars. Der ist zwar sieben Jahre jünger als Tosca, aber mit 500 Kilo fast doppelt so schwer wie sie. Lars wurde 1993 im Zoo in München geboren und ging dann auf Wanderschaft: Über den Zoo Bremerhaven kam er zum Zoo in Neumünster, ehe ihn 2000 die Berliner als Leihgabe erhielten, um Nachwuchs zu zeugen. Das tut er seither nach Kräften, es wurden auch mehrfach Babys geboren, aber keines überlebte.

Einen Tag vor Nikolaus, am 5. Dezember 2006, brachte Tosca zwei winzige Eisbärbabys zur Welt. Eisbärjunge, aus denen mal die größten Landraubtiere der Welt werden, sind bei der Geburt so klein wie Meerschweinchen, blind, taub

und äußerst empfindlich. In ihrer kalten Polarheimat verbringen sie die ersten Wochen in einer Schnee- und Eishöhle, beschützt von der Mutter. Während draußen bis zu minus 50 Grad herrschen, sind in der Höhle wohlige 16 Grad.

Das Brüderchen von Knut wurde krank und starb nach vier Tagen.

Ursula Böttcher dressierte für den Staatszirkus der DDR eine Eisbärgruppe, zu der auch Knuts Mutter gehörte. Für ihre Arbeit bekam die Dompteurin den Zirkus-Oscar.

Knut hatte ebenfalls hohes Fieber, aber der kleine Kerl war so robust, dass er im Brutkasten überlebte.

Seine Eisbär-Eltern hat er bei seinem ersten Ausflug ins Freie glatt übersehen. Als die große Außenanlage gereinigt wurde, kam es zufällig zu einem Zusammentreffen mit seinen Eltern Tosca und Lars. Thomas Dörflein erzählt einer Zeitung: „Mama Tosca machte ganz große Augen und Lars versuchte, mit der Tatze durchs Gitter nach Knut zu langen." Der Kleine sprang erschrocken zurück. Wahrscheinlich nahm er sich vor: So groß werde ich auch einmal. Dann könnt ihr euch alle warm anziehen...

Sonnenanbeter

Knut ist zwar ein echter Eisbär, aber wenn die Sonne scheint, kann dem Kleinen der eisige Nordpol gestohlen bleiben.

Undercover

So, was hat der Thomas gesagt? Den Zipfel nach links...
Und dann den Fuß da rüber...
Mit Schwung auf die Seite drehen...

Und daff hier mit den Pfähnen fefthalten...
Hm, wieso guckt denn jetzt unten alles raus?
Ach, Mittagsschlaf ist sowieso nur was für Babys.

Der Berliner Zoo

Knut tut ihm gut

Zoologischer Garten Berlin
Hardenbergplatz 8, 10787 Berlin
Tel. 030-2540 10
Fax 030-2549 1255
E-Mail: info@zoo-berlin.de
Internet: www.zoo-berlin.de
www.aquarium-berlin.de

Öffnungszeiten
Täglich ab 9 Uhr, bis 18.30 Uhr,
im Winter bis 17 Uhr

Eintritt
Erwachsene 11 Euro
Kinder (5-15 Jahre) 5,50 Euro
(Aquarium zusätzlicher Eintritt)

Der kleine Eisbär wird gut bewacht von steinernen Elefanten: Das mächtige Eingangstor zu Knuts Berliner Zoo-Heimat.

Der kleine Eisbär Knut ist weltberühmt. Und wer eine echte Berühmtheit ist, wohnt nicht einfach irgendwo. Knut wohnt im Zoologischen Garten Berlin. Schon am Eingang merkt man, dass hier ein ganz besonderer Ort ist, denn das Elefantentor – so heißt einer der beiden Eingänge – ist ein richtiges Kunstwerk.

Der Zoo der Hauptstadt war der erste in ganz Deutschland, und es gibt ihn schon seit dem Jahr 1844 – also schon mehr als 160 Jahre. Aber der Berliner Zoo ist nicht nur der älteste in ganz Deutschland, er ist auch riesengroß. 42 Fußballfelder würden auf das Gelände passen. Und das muss auch sein, denn hier leben so viele Tierarten, wie in keinem anderen Zoo der Welt. Insgesamt locken über 14.000 Tiere und fast 1.500 verschiedene Arten jedes Jahr Millionen von Besuchern in den Zoo. Er liegt in der Nähe des berühmten Ku-Damms, direkt neben dem Bahnhof Zoo. Im letzten Krieg wurde er nahezu völlig zerstört. Nur 91 Tiere überlebten, darunter das berühmte Flusspferd Knautschke. Es lebte bis 1988, war lange der Star des Zoos und steht heute als Bronzefigur vor dem Flusspferdhaus.

Aber wer redet heute noch von Knautschke? Seit der wuschelige Eisbärjunge Knut im Gehege herumtollt, kommen doppelt so viele Besucher in den Zoo von Berlin wie vorher. Die riesigen Schlangen – bis zu 20.000 Menschen am Tag – werden von Sicherheitsleuten gelenkt, jeder darf nur wenige Minuten schauen.

Von einer so großen Begeisterung waren selbst die Zoo-Mitarbeiter überrascht: „Es kamen unzählige Anrufe, Briefe, E-Mails und Angebote für die Patenschaft", wird Kurator Heiner Klös zitiert. „Journalisten und Fernsehteams aus ganz Europa standen vor der Tür." Sogar an der Börse gab es Knut-Alarm: Der Kurs der Zooaktie schnellte innerhalb einer Woche immens in die Höhe, aber verkaufen wollte seine Aktien niemand. Es gibt zwar keine Dividende, aber freien Eintritt in den Zoo.

Knuts Ersatzpapa und Tierpfleger Thomas Dörflein kümmert sich seit Jahren um die Bären. In Knut hat er sich auf Anhieb verliebt: „Das weiße Fell, die Knopfaugen, die schwarze Nase. Dem kann man sich nicht entziehen", sagt er. Fünf weitere Eisbären leben im Berliner Zoo, darunter Knuts Eltern Tosca und Lars.

Für alle Tiere, die es noch nasser mögen als der kleine Eisbär Knut, gibt es ein eigenes Aquarium, auch schon seit fast hundert Jahren. Es beherbergt auf drei Stockwerken fünftausend Fische – darunter sogar ausgewachsene Haie.

Aber weder sie noch die Löwen, Tiger, Elefanten oder die zahlreichen Affen interessieren im Frühling 2007 die Besucher. Alle wollen Knut. Sogar ein kleiner Malaienbär, fast zur selben Zeit geboren wie Knut, sitzt unbeachtet in seinem Gehege. Dabei ist er ähnlich niedlich wie der kleine Eisbär – er wirkt nur immer etwas traurig, weshalb ihm die Pfleger den Namen Ernst gegeben haben...

Ernstes Malaienbärbaby Ernst

Die Stars im Gehege…

…und ihre Fans.

Knuts Zukunft

Das Eisbärbaby Knut und der Berliner Wappen-Bär haben einiges gemeinsam: Beide sind Bären, beide zieren T-Shirts, Postkarten und Tassen und beide stehen für Berlin. Doch im Gegensatz zum Wappen-Bären wird Knut wahrscheinlich nicht immer ein Berliner bleiben. Irgendwann muss Knut das „Elternhaus" von Ziehvater Thomas Dörflein verlassen. Aber wohin dann?

Ein Umzug ins Eisbärengehege von Berlin könnte für den kleinen Knut lebensgefährlich werden. Fünf Eisbären leben hier schon. Knuts Vater, der 14 Jahre alte Eisbär Lars, ist seit Jahren der Herr im Eisbärengehege. Konkurrenz wird er nicht neben sich ertragen. Auch die Eisbärenweibchen des Geheges könnten zur Gefahr für Knut werden und ihn angreifen. Dazu kommt, dass der Platz im Berliner Eisbärengehege für sechs Eisbären nicht ausreicht.

Schon kurz nach seiner Geburt haben zahlreiche Tierparks aus der ganzen Welt Interesse an Knut angemeldet. Es ist üblich, Tiere zwischen Zoos weltweit auszutauschen. Damit möchte man vor allem Inzest vermeiden. Auch mehrere deutsche Tiergärten wollen Knut. Die Gelsenkirchener „ZOOM Erlebniswelt" zum Beispiel könnte ihn im 1.500 Quadratmeter großen Gehege von Lara unterbringen. Die Eisbärin ist zwei Jahre alt, frühestens mit vier kann sie selber Mutter werden. „Es wäre ein hoffnungsvolles Zuchtpaar", meint der zoologische Leiter in Gelsenkirchen, Frank Ahrens.

Wann genau Knut „ausziehen" muss, will der Berliner Zoo Anfang 2008 entscheiden – frühestens. Denn kleine Eisbären sind sehr anhänglich: In der freien Natur bleiben sie bis zu zweieinhalb Jahre bei der Mutter. Solange wird „Ziehvater" Thomas Dörflein allerdings nicht mit Knut herumtollen wollen. In einem Jahr wiegt der „Kleine" locker 80 Kilo, und die Zärtlichkeits-Bisse können dann ziemlich unangenehm werden.

Was die Zukunft wohl bringt? Im Moment interessiert Knut mehr, was Thomas gerade heranschafft.

Mittagsschlaf

Spielen, herumtollen und sich von den vielen Zuschauern fotografieren lassen, ist ganz schön anstrengend. Da ist ein kleines Nickerchen genau das Richtige.

Mein Tag

Wenn Klein-Knut erzählen könnte

Morgens holt mich mein Pflegepapa Thomas aus meiner Wohnkiste. Die steht im Pausenraum des Bärengeheges. Thomas hat neben mir auf der Pritsche gepennt. Er guckt meistens noch ein bisschen verschlafen aus der Wäsche. Ob das dran liegt, dass ich gegen Mitternacht unbedingt noch mal was zu essen brauche? Schließlich haben gerade kleine Bären einen Bärenhunger. Und wer ein großer Bär werden will, der muss viel futtern!

Mein Futter besteht aus Milch, in die er irgendwas reinquirlt. Und aus Fleischmatsche, als ob ich keine Zähne hätte. Je älter ich werde, desto mehr Fleisch gibt's. Prima. Als ich noch die Flasche bekam, hat mir Thomas beim Füttern meistens etwas vorgesungen. Und nach der Flasche hab' ich dann, wie jedes Baby, ein Bäuerchen gemacht. Eisbären können ganz toll laut rülpsen! Mittlerweile fresse ich schon aus dem Napf – auch wenn alle finden, dass das jedes Mal eine Riesenschweinerei ist.

Nach dem Essen bringt Thomas mich zu meinem Spielplatz, der ist im Innengehege des Bärenreviers. Da gibt's nicht nur tolle Spielsachen, sondern auch eine prima Sandkiste! Den Sand hab ich schon probiert – schmeckt aber nicht besonders. Dafür kann man sich darin herrlich herumwälzen! Deswegen ist nach dem Spielplatz auch meist ein Bad fällig. Das gefällt mir – schließlich sind wir Eisbären Weltmeister im Schwimmen und Tauchen. Aber bis ich mich richtig ins Wasser reintraue, wird es noch ein bisschen dauern. Thomas wird mir dabei helfen. Er hat mir auch geholfen, als ich beim erstenmal mit dem Kopf

Mit Papa

Mit einem Augenzwinkern

unter Wasser kam und keine Luft mehr kriegte. Sowas, das passiert allen kleinen Eisbären, hat er gesagt.

Das Beste am Baden ist der Schwamm, den ich aber leider nicht auffressen darf. Anschließend rubbelt mich Thomas gründlich trocken und ich versteck' mich im Badetuch.

Klasse ist auch der Aufenthaltsraum hier! Da gibt es einen riesigen Grizzlybären aus Stoff, mit dem ich oft kämpfe. Ansonsten kau' ich gern auf einer Holzbürste herum, zerreiße die Morgenzeitung der Pfleger oder spiele Ball. Die Kaffeemaschine hab' ich auch schon untersucht. Danach gab's erstmal keinen Kaffee mehr.

Nach dem Toben und Spielen bin ich immer ziemlich erschöpft. Ich schmuse ein paar Minuten mit Thomas, schnüffel an ihm herum und lass' mich kraulen. Wenn ich mich so richtig wohl fühle, schnurre ich laut vor mich hin. Mein Schnurren klingt ungefähr so wie der Motor einer kleinen Maschine. Allerdings sind meine Schmusereien immer nur von kurzer Dauer, denn mittendrin fällt mir dann doch ein, dass ich eigentlich ein Raubtier bin und einfach zu gern schnappe und beiße. Zum Glück nimmt mir der Thomas das nicht krumm!

Um 11 Uhr geht's raus in die Freianlage. Da warten dann schon immer unheimlich viele Leute, um mich zu sehen. Aber Thomas bleibt ja in meiner Nähe und passt auf!

Gegen 12 Uhr verziehe ich mich wieder nach drinnen – so viele Leute, das ist schon ganz schön anstrengend! Da mach ich dann erstmal ein Nickerchen. Zwischen 14 und 15 Uhr gehen wir noch mal raus! In der Freianlage kann man sich auch herrlich im Matsch suhlen! Und die Leute freuen sich besonders, wenn ich ein Dreckschweinchen bin. Den Gefallen tue ich ihnen gern.

So ein Tag im Zoo geht schnell vorbei: Spielen, schmusen, fressen, schlafen – und schon bin ich einen Tag älter und größer. Abends geht's dann wieder rein in meine Wohnkiste auf mein weiches Lammfell. An der Wand hat Thomas mir zwei Fotos von meiner Mama und meinem leiblichen Papa aufgehängt. Ich kuschle mich dann an meinen großen Schmusehund und träum' davon, dass ich auch mal ein richtig großer, wilder Eisbär sein werde – Grrrrrrr.

Mit Decke

Mit Dreck

Durstig

Mannomann, nach so einer Fitnessstunde im Freien könnte man einen ganzen Ozean leer trinken! Und reingefallen ist Knut nur beim ersten Mal.

Faulpelz

Herr Obär, eine Limo bitte!

Im Computerspiel „Eisbär-Baby Superstar“ wohnt Knut am Nordpol.

Knut – das ist 'ne Marke

Besingt Knut: Kitty (9) aus Berlin.

Bärige Nascherei von Haribo.

Plüschige Doppelgänger: Knut als Steiff-Tier

Im Frühjahr 2007 läuft der kuschelige Knut jeder deutschen Prominenz den Rang ab, keiner ist gefragter als er. Knut schafft es auf die Titelseiten der Weltpresse, Kinder malen deutschlandweit Knut-Bilder und Eltern taufen plötzlich ihren Nachwuchs wieder Knut. Kein Wunder, dass auch die Industrie Gefallen an dem kleinen Eisbären findet.

Die erste offizielle Knut-Hymne heißt „Knut ist gut", gesungen von einem Herrn, der sich „Der Eisbär" nennt. Die neunjährige Kitty aus Berlin-Köpenick trällert auf einer weiteren Scheibe „Knut, der kleine Eisbär". Und Frank Zander lässt seinen 18 Jahre alten Klassiker „Hier kommt Kurt" mit „Hier kommt Knut" wieder aufleben.

Knuddeln will den kleinen Knut natürlich jeder. Weil das aber nur dem Pfleger und einigen wenigen anderen Personen vorbehalten bleibt, gibt es von Stofftierherstellern die Plüschvariante als Kuschelersatz. Die Nachfrage nach Plüsch-Eisbären ist gewaltig gestiegen. Manche Firmen packen eilig alte Reserven aus und färben Tausende von braunen Teddys um. Unter dem Namen Knut darf aber bisher nur die Firma Steiff Kuscheleisbären verkaufen.

Ganz süß kommt's von Haribo. Dort hat man die Euphorie wörtlich genommen und süße Schaumgummi-Eisbären unter dem Namen „KNUDDEL-KNUT´sch" auf den Markt gebracht. Damit auch der Zoo etwas davon hat, gehen 10 Cent jeder verkauften Runddose an den Eisbärnachwuchs. Zusätzlich spendet der Süßwarenhersteller dem Berliner Zoo 5.000 Euro Kindergeld für die Aufzucht von Knut.

Die erste DVD kommt vom Rundfunk Berlin-Brandenburg (RBB): Mit „Knut – Aus der Kinderstube eines Eisbären" kann man sich die ersten Schritte des kleinen Bären auf den heimischen Fernseher holen. Und das Erste Programm widmet ihm ab April eine zehnwöchige TV-Serie. Aber nicht nur im Fernsehen, sogar in einem Computerspiel der Firma cerasus.media ist Knut der Hauptdarsteller.

Auch der Zoo Berlin selbst nutzt die gefragte Marke Knut – allerdings zum Schutz bedrohter Tierarten. Dafür hat er sich die Marke „Respect Habitas. Knut" schützen lassen. Das Logo zeigt einen Eisbären, der den Erdball umarmt. Lizenzprodukte, deren Erlös dem Schutz und der Zucht bedrohter Arten zugute kommt, dürfen dieses Logo künftig tragen.

Knabberstange

Kein Ball, kein Schuh, kein Finger in der Nähe?
Dann geht auch mal ein Ast als Knabberstange.

Schmusedecke

Kleine Jungs spielen gern Verstecken,
kleine Eisbären auch. Sieht mich jemand?

Dreckspatz

Wie alle Kinder liebt es der kleine Racker, sich im Dreck zu suhlen. Außerdem ist Knut ja kein Waschbär...

Knuts Verwandte

Eisbären in der Natur

25.000 Eisbären leben noch im „Ewigen Eis" rund um den Nordpol. Die imposanten Tiere sind Einzelgänger.

Auch wenn man es Knut noch nicht ansieht – Eisbären sind die größten Raubtiere, die auf der Erde herumlaufen. Nur im Meer gibt es noch größere. Ein ausgewachsener Eisbärmann wird fast drei Meter lang, vom Kopf bis zur Schwanzspitze gemessen. Die Schulterhöhe beträgt 1,60 Meter. Und an Gewicht bringt er etwa 500 Kilogramm auf die Wage – zehn Zentner. Eisbärfrauen schaffen ungefähr die Hälfte.

Bis Knut ausgewachsen ist, werden über zwei Jahre vergehen. In der Eisbär-Heimat, den kalten Regionen rund um den Nordpol, bleiben junge Eisbären solange bei der Mutter. Sie werden die ganze Zeit gesäugt. Nebenbei lernen sie von Mama die Jagd auf Robben, ihre Leibspeise. Sie lauern ihnen auf, wenn die Robben auftauchen, um Luft zu holen. Die Jagd ist aber selbst für erfahrene Eisbären schwierig – von fünfzig Versuchen gelingt nur einer. Manchmal sind Eisbären wochenlang ohne Nahrung, sie zehren in dieser Zeit von der bis zu zehn Zentimeter dicken Fettschicht unter der Haut.

Das Fell der Eisbären ist in der eisigen Heimat eine hervorragende Tarnung – nur die schwarze Nase sticht im Schnee hervor. Dabei ist auch die Haut des Eisbären schwarz. Die weiß-gelblich wirkenden Haare sind in Wirklichkeit farblos und innen hohl und mit Luft gefüllt. Das hilft den Eisbären beim Schwimmen, ebenso wie die Schwimmhäute an den Tatzen. Eisbären können große Strecken im Wasser zurücklegen.

Eisbären sind Einzelgänger. Und sie wandern viel: Auf der Suche nach Beute legen sie zu Fuß oder schwimmend jeden Tag etwa 20 Kilometer zurück. Dabei können sie Beute bis zu fünf Kilometer weit riechen. Am liebsten aber schlafen sie: Zwei Drittel des Tages verbringen sie ruhend oder schlafend im Freien. Nur Weibchen, die Nachwuchs erwarten, graben sich im November eine Höhle, in der sie die Jungen zur Welt bringen. Es sind, wie im Berliner Zoo, meistens zwei. Erst nach drei Monaten verlässt die Eisbärmutter mit ihnen erstmals die Höhle – solange lebt sie von ihren Fettreserven. In der Schneehöhle ist es durch Mutters Körperwärme und Atem angenehme 16 Grad warm.

Eisbären werden ungefähr dreißig Jahre alt. Knut hat Chancen, länger zu leben: In Zoos schaffen Eisbären locker 45 Jahre.

Eisbären leben in Kanada, Russland, Alaska, Grönland und dem nördlichen Norwegen. Ihre wichtigste Heimat aber ist das Arktische Packeis sowie das Treibeis rund um den Nordpol. Hier herrschen im Winter Temperaturen unter minus 50 Grad.

Schön eng an Mama gekuschelt lässt sich selbst die eisige Kälte der Arktis ertragen. Ein Vierteljahr bleiben Eisbärmütter mit ihren Babys in der Schneehöhle.

Im Alter von zwei Jahren sind Eisbärkinder noch im Schlepptau der Mutter.

Umweltschützer

Großes Tier trifft kleines Tier: Bundesumweltminister Sigmar Gabriel bewarb sich als Patenonkel – auch wenn Knut ihm unhöflich die kalte Schulter zeigte.

Vorsichtiger Kontakt: Knut und „Patenonkel“ Sigmar Gabriel.

Klimawandel

Das Eis wird dünner

Der Winter 2006/07, in dem Knut geboren wurde, war ein Rekordwinter. Seit man die Temperaturen aufschreibt – also seit etwa 150 Jahren – gab es keinen Winter, der so warm war. Das hört sich zwar angenehm an, bedeutet aber eine große Gefahr für die Natur. Gerade in der Arktis, dem Lebensraum von Knuts Artgenossen, haben die Temperatur-Veränderungen unabsehbare Folgen – ganz besonders für die Eisbären.

Die riesigen Eismassen, die rund um den Nordpol eine Art Mütze der Erde bilden, werden kleiner. Aber die kilometergroßen Eisschollen, die auf dem Meer treiben, sind das Jagdgebiet der Eisbären. Hier lauern sie den Robben auf. Wenn das Eis im Sommer schmilzt, müssen sich die Eisbären aufs Festland zurückziehen. Dort finden sie kaum Nahrung, oft müssen sie monatelang fasten und von ihrer dicken Fettschicht zehren. Sie nehmen dann jede Woche etwa zehn Kilo ab. Durch

Mit den schrumpfenden Eisflächen verliert der Eisbär seinen Lebensraum.

die Erderwärmung schmelzen die Eisschollen immer früher und im Herbst bildet sich erst spät neues Eis im Meer. Die sommerliche Fastenzeit der Eisbären wird länger, vielleicht zu lang für viele Tiere.

Etwa 25.000 Eisbären leben noch in der Arktis, schätzt man. Sie stehen unter strengstem Artenschutz. Aber ihr Lebensraum schmilzt ihnen im wahrsten Sinne des Wortes unter den Tatzen weg. Schuld hat der Mensch, der mit seiner Industrie immer mehr erderwärmende Gase in die Luft schleudert. Jedes Mal, wenn man ein Auto bewegt, quellen diese gefährlichen Treibhausgase aus dem Auspuff. Dazu kommen die Abgase der Flugzeuge, Fabriken, der Kraftwerke und Häuserheizungen.

Das veränderte Klima bleibt auch für uns Menschen nicht ohne schwerwiegende Folgen. In den vergangenen Jahren haben wir in Deutschland schon Überschwemmungen und Jahrhundertstürme abbekommen. Die Schneegebiete in den Bergen werden kleiner, das Grönlandeis wird zusehends weniger. Wenn es völlig abschmilzt, wird der Meeresspiegel weltweit um etwa sieben Meter ansteigen. Viele Inseln, tiefliegende Städte, ja ganze Länder werden im Meer versinken. Diese Gefahren kennen wir zwar schon lange, aber ehe die Politiker wirklich reagieren, wird noch viel Eis abschmelzen.

Einer dieser Politiker ist Sigmar Gabriel, unser Bundesumweltminister. Er war am ersten Tag dabei, als Knut den Fotografen gezeigt wurde. Und er war so angetan von dem kleinen Kerl, dass er ihn spontan zum „Botschafter für den Klimaschutz" ernannte und die Patenschaft übernahm. „Knut ist in guten und sicheren Händen und nicht bedroht. Aber seine Artgenossen sind es", erklärte er. Und: „Kaum ein anderes Tier symbolisiert die Folgen des Klimawandels so deutlich wie der Eisbär. Ohne Eis kein Eisbär." Und der Minister mahnte: „Wenn wir den Klimawandel nicht aufhalten, gibt es vielleicht schon in gut 70 Jahren keine Eisbären mehr in freier Natur."

Bei der internationalen Artenschutzkonferenz, die 2008 in Bonn geplant ist, wird Knut den Pandabär als Symbol ablösen. Auf dieser Konferenz beraten Politiker und Wissenschaftler, was man tun kann, um vom Aussterben bedrohte Tierarten, wie den Eisbär, zu retten.

Vielleicht wird aus dem Superstar Knut ja am Ende noch ein Lebensretter für alle Eisbären.

Nachdenklicher Knut – seine Zukunft ist gesichert.
Aber was wird mit seinen wilden Artgenossen?

Räuber

Schon jetzt ist Knut ein kleiner Räuber. Die Stiefel von Pfleger Thomas schweben in ständiger Lebensgefahr...

Klettermax

Ich will da hoch! Unbedingt!

Ach so, hab den Hintern ganz vergessen. Hilf mal.

Uuups, ganz schön hoch.
Wo war noch mal der
Rückwärtsgang?

Wasserratte: Seit den heißen Tagen im Mai genießt Eisbär Knut sein natürliches Element.

Ab ins Wasser, Knut!

Es ist Ende Mai, sommerlich heiß und Knut, der nun schon fast 30 Kilo wiegt, planscht fröhlich im kühlen Nass. Wer ihm dabei zuschaut, wird kaum glauben, dass er nur wenige Tage zuvor nicht eine Tatze freiwillig ins Wasser gesetzt hätte. Ungewöhnlich für einen Eisbären. Schließlich ist den weißen Riesen das Schwimmen und Tauchen in die Wiege gelegt. In der Natur zeigt es die Mutter ihrem Nachwuchs, im Zoo muss der Pfleger auch diese Rolle übernehmen.

Huckepack auf den Schultern seines Ziehpapas Thomas Dörflein beginnt Knut Anfang Mai seinen „Schwimmunterricht" – eine Lektion, die ihm nicht gerade gefällt. Sein erster Tauchversuch einige Wochen davor ging gründlich daneben, nämlich in die Nase. Knut verschluckte sich kräftig. Normalerweise verschließt ein Eisbär seine Nasenlöcher und Ohren beim Tauchen automatisch. Aber wie soll er das ohne seine richtige Mama auch lernen.

Doch Hitzetemperaturen treiben selbst wasserscheue Eisbären in ihr natürliches Element. So sieht man Knut und seinen Lieblingspfleger ausgelassen im Wasser toben und balgen. Noch. Denn Knut wird erwachsen und damit gefährlicher für Thomas Dörflein. Bis spätestens Juli sollen beide langsam getrennt werden.

Kein Leichtgewicht mehr: Nach sechs Monaten sind die Kuscheleinheiten für Thomas Dörflein etwas belastender…

Nicht nur Knut, auch seine Spielzeuge werden immer größer

Zuerst musste sich Knut zwar daran gewöhnen, …

… aber jetzt spielt es sich mit dem großen, roten Ding schon ganz entspannt.

Ich geh dann mal!

Nach einem langen Tag machen sich Pfleger Thomas Dörflein und Superstar Knut auf die Socken, damit sie auch morgen wieder fit für ihr Publikum sind.

Puh, ganz schön anstrengend, der Star-Rummel.
Knut verabschiedet sich mit einem Nickerchen.

BILDNACHWEIS

picture-alliance/dpa
Wolfgang Kumm: Titel, 6, 24/25 (4), 57, 82; Peer Grimm: Vorsatz, 20/21, 42/43, 61 r., 70/71, 72/73, 86/87, Rücktitel o.l.; Rainer Jensen: 2/3, 16/17, 18/19, 28/29, 85, 88/89, 94/95, Rücktitel u.l., u.r.; Jochen Eckel/Bloomberg News: 7, Rücktitel o.r.; Britta Pedersen: 10/11, 26; Marcel Mettelsiefen: 12, 48/49, 55 o., 62/63; Wolfgang Kumm/Marcel Mettelsiefen: 36/37; Hammer: 46/47; Archiv: 52/53; Miguel Villagran: 55 u.; Jens Kalaene: 66 u.l.; Hinrich Bäsemann: 78/79; Annelie Utter: 83; Johannes Eisele: Nachsatz

picture-alliance/OKAPIA KG, Germany
Dale Robert Franz/OKAPIA: 74/75; Fritz Pölking/OKAPIA: 76/77

ddp-Archiv
Michael Kappeler: 4/5, 61 l., 80/81; Marcus Brandt: 30/31, 32/33, 34/35, 50/51, 58/59, 68/69; Jens Wolf: 44, 45; Clemens Bilan: 66 r.

ddp-News
Marcus Brandt: 8/9, 15, 38/39, 40, 41, 60 l., 96; Axel Schmidt: 22/23; Clemens Bilan: 54, 60 r.; Nigel Treblin: 64, 65, 90, 91; Michael Kappeler: 92/93 (3)

Originalbildservice (obs)
HARIBO: 66 m.

Globus Infografik
77 o.